Inhaltsverzeichnis

W0065189

Horst Kleinert

Die *Hindenburg*

Aufstieg und Untergang des Giganten der Lüfte

Landung der *Hindenburg* in Lakehurst.

Lakehurst, 6. Mai 1937, 19 Uhr 20

„Da ist sie, meine Damen und Herren, und was für einen Anblick sie bietet, einfach großartig, überwältigend. Sie kommt aus dem Himmel direkt auf uns zu und schwebt jetzt zum Ankermast hinüber…"

Der Radioreporter Herbert Morrison ahnt nicht, dass sein Bericht über den Anflug der *Hindenburg* in die Mediengeschichte eingehen wird.

„Oh, oh…, sie explodiert. Sie geht in Flammen auf…, oh nein, das ist schrecklich. Sie brennt, wird von Flammen umtost und stürzt auf den Ankermast und all die Leute…, das ist eine der schlimmsten Katastrophen der Welt!… Oh, das gibt einen schrecklichen Absturz, meine Damen und Herren… Oh, die Menschen, all die Passagiere!…"

Dann ist nur noch Schluchzen zu hören. Die *Hindenburg*, das größte und luxuriöseste Luftschiff der Welt, steht in Flammen und stürzt wie ein riesiger Feuerball auf das Flugfeld in Lakehurst bei New York. Binnen einer halben Minute ist alles vorbei. Zurück bleibt das riesige verkohlte Aluminiumgerippe.

„Eigentlich hätte das Unglück nicht passieren dürfen", hieß es damals. Bis heute gibt es keine eindeutige Erklärung, was die Tragödie verursacht hat.

Wie durch ein Wunder überleben zweiundsechzig von den siebenundneunzig Personen an Bord das Inferno. Fünfunddreißig Personen sterben. Auch ein Mitglied der amerikanischen Bodenmannschaft zählt zu den Opfern. Am nächsten Tag beherrscht die Meldung über den Untergang der *Hindenburg* die amerikanische Presse und verbreitet sich in Windeseile.

Nie zuvor hatten Kameras ein derartiges Unglück so haut-
nah dokumentiert. Die Bilder von der brennenden *Hindenburg*
bewegen noch immer die Menschen – nicht nur wegen ihres
dramatischen Endes, sondern weil mit ihr auch der Traum vom
Reisen in einem luxuriösen Hotel der Lüfte unterging.

Wikimedia Commons

Die *Hindenburg* verlässt den Hangar in Lakehurst. Unterhalb der Bugspitze
ist ein fahrbarer Ankerturm zu sehen.

Die *Hindenburg* – das Traumschiff der Lüfte

Als die *Hindenburg* am 4. März 1936 vom Stapel lief, war sie in der Tat das lang ersehnte Traumschiff. Trotz der Befüllung mit Wasserstoff, der sich in Verbindung mit Luft zu einem hochexplosiven Gemisch entwickelt, konnte sich riemand vorstellen, dass das Luftschiff nur rund ein Jahr später in einem Feuersturm untergehen sollte. Alle erdenklichen Maßnahmen waren ergriffen worden, um die Traggaszellen hinter der robusten Außenhülle hermetisch abzudichten.

Die *Hindenburg* (LZ 129) war 245 m lang und hatte einen Durchmesser von 41 m. Sie erinnerte damit an die Dimensionen der Titanic. Mit 200.000 cbm Wasserstoff konnte der Zeppelin eine Nutzlast von 60 t befördern. (Wasserstoff ist leichter

Wikimedia Commons

Reinigung der Fenster des Promenadengangs auf dem oberen Deck.

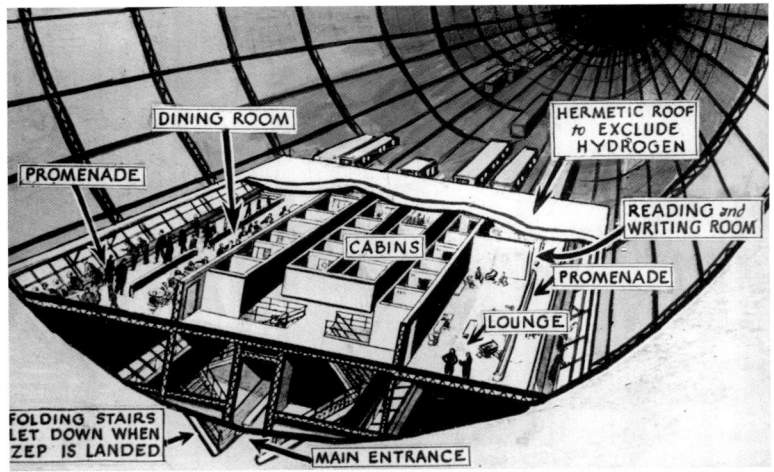

Diagramm des oberen Decks.

als Luft und bringt wie Helium Hohlkörper zum Schweben.) Die USA, die damals ein Helium-Monopol besaßen, hatten dem nationalsozialistischen Deutschland aus politischen Gründen die Lieferung von nicht brennbarem Helium verweigert. Angetrieben wurde die *Hindenburg* von vier 16-Zylinder-Daimler-Dieselmotoren (4.200 Gesamt-PS). Die Reichweite betrug 16.000 km, die Höchstgeschwindigkeit 130 km/h. Sie beförderte im Fernverkehr 55 Passagiere, nach einem Umbau Ende 1936 75 Passagiere. Für den Betrieb waren 54 bis 60 Personen im Drei-Wachen-System erforderlich.

Wie verlief eine Reise über den Nordatlantik in der *Hindenburg*?

Die Passagiere bestiegen im Luftschiffhafen Frankfurt am Main am späten Abend des Abfahrttages über ausfahrbare Treppen das untere Deck. (Die 400 qm große Fahrgastanlage der *Hindenburg* war zweistöckig und lag im Innern des Schiffskörpers.) Auf dem unteren Deck gab es einen Rauchsalon sowie Toiletten, Waschräume und einen Duschraum. Auf diesem

Deck befanden sich darüber hinaus ein Aufenthaltsraum für die Mannschaft, die Offiziersmesse und die Küche. Zwei Treppen führten hinauf zum 22 m breiten und 15 m langen oberen Deck. An jeder Außenseite befand sich ein Promenadengang mit bequemen Sitzmöglichkeiten und schräggestellten Fenstern. Die Promenadengänge konnten von dem auf der rechten Schiffsseite liegenden Salon mit einem Schreib- und Leseraum oder vom Speisesaal auf der linken Schiffsseite betreten werden. Dazwischen, also im Mittelteil, lager die 25 fensterlosen Doppelkabinen. Sie verfügten über ein Etagenbett und ein klappbares Waschbecken.

Die gesamte Inneneinrichtung war funktional, schnörkellos und gediegen. Die Räumlichkeiten waren in warmen Pastelltönen gehalten, Bestuhlung und Teppichboden orangefarben. Die Wände schmückten Reiserouten berühmter Weltentdecker und Zeichnungen zur Geschichte der Luftschifffahrt.

Die Kommandobrücke mit den für den Schiffsbetrieb erforderlichen Räumlichkeiten der Offiziere lag getrennt von den Fahrgastdecks in einer Gondel vorn unter dem Bug des Schiffs. Mannschaft und Offiziere waren im Schiffskörper untergebracht.

Wenn der Zeppelin am Morgen des dritten Tages über Manhattan einschwebte, begrüßten ihn jedes Mal Hunderte Dampfer- und Fabriksirenen. Rund 100 m über der Spitze des Empire State Buildings drehte das Schiff dann nach Süden in Richtung seines Bestimmungshafens Lakehurst ab.

War die *Hindenburg* ein Grandhotel der Lüfte? Was die spartanisch eingerichteten Kabinen und Sanitärbereiche (eine einzige Dusche) anbelangt, sicherlich nicht, ohne Zweifel aber in Bezug auf den kulinarischen Service und den Komfort der Gesellschaftsräume. Und im Vergleich mit dem damals luxuriösesten Ozeandampfer der Welt, der *Queen Mary*, konnte die *Hindenburg* zwei Vorteile ins Feld führen: Statt fünf bis sechs Tage benötigte das Luftschiff für die Atlantiküberquerung nur zwei bis zweieinhalb Tage – und nie ist ein Passagier seekrank, d. h. luftkrank geworden.

Die Fenster ließen sich öffnen.

One-way kostete das *Queen-Mary*-Ticket 1937 für die Außenkabine 300 Dollar, die Deutsche Zeppelin-Reederei verlangte für die Fahrt mit der *Hindenburg* 400 Dollar. Nach heutiger Kaufkraft wären das rund 10.000 Euro. Von März 1936 bis Mai 1937 beförderte die *Hindenburg* auf der fast immer ausverkauften Nordamerikaroute über eintausend Fahrgäste.

Mitte der dreißiger Jahre plante die Deutsche Zeppelin-Reederei (DZR) aufgrund der positiven Erfahrungen den Bau von drei weiteren, verbesserten Luftschiffen der *Hindenburg*-Klasse (*LZ 130, 131 und 132*). Trotz der zunehmenden Konkurrenz durch immer leistungsfähigere Flugzeuge war man davon überzeugt, mit Transatlantikfahrten auf Dauer Gewinne erwirtschaften zu können. Außer den Überseedampfern schafften es nur die großen Zeppeline, den Atlantik nonstop zu überqueren.

Ohne den Mut und die Vision des Luftfahrtpioniers Ferdinand Graf von Zeppelin wäre diese Entwicklung undenkbar gewesen. Ihm gelang es Anfang des 20. Jahrhunderts, der kommerziellen Luftschifffahrt zum Durchbruch zu verhelfen.

Ferdinand Graf von Zeppelin

„Man muss nur wollen und daran glauben,
dann wird es gelingen."

Graf von Zeppelin

1863 tobt in den Vereinigten Staaten von Amerika der Bürgerkrieg. Als von Präsident Lincoln autorisierter Beobachter erlebt der 25-jährige Leutnant der Württembergischen Armee Ferdinand Graf von Zeppelin wie Heißluftballons in den Himmel steigen, um die Bewegungen der feindlichen Truppen zu verfolgen. Und er kann sogar selbst an einer Ballonfahrt teilnehmen. Eine nicht ungefährliche Aktion, denn Freiballons sind nicht lenkbar. Wohin sie treiben, entscheidet der Wind.

Noch in Amerika beginnt Graf von Zeppelin, über einen lenkbaren Ballon nachzudenken. Die Vision von einem in jede Richtung steuerbaren Luftschiff sollte ihn nicht mehr loslassen. Von Zeppelin war ein Mann der Tat, beharrlich und unbeugsam. Trotz der vielen Rückschläge hielt er an seiner Vision fest – und hatte schließlich Erfolg.

Die von ihm entwickelten Zeppeline waren nicht die ersten und einzigen Luftschiffe, aber nur sie setzten sich letztlich durch. Der Hauptgrund: Seine Konstruktion eines „starren" Luftschiffs, bei denen sich die Gasbehälter in einem ringförmigen Aluminiumgerüst befanden, war den unstarren Prallluftschiffen (sog. Blimps) und den mit einem Kiel versehenen halbstarren Luftschiffen seiner Konkurrenten weit überlegen. (Streng genommen sind nur Starrluftschiffe, so wie sie Graf Zeppelin konstruiert hat, Zeppeline. Heute werden die Begriffe Luftschiff und Zeppelin meist synonym gebraucht.)

Die Zeppeline waren aber keinesfalls perfekt. Bei der Jungfernfahrt des ersten Zeppelins *LZ 1* am 2. Juli 1900 zeigte sich, dass der Traum von einem wirklich lenkbaren Luftschiff noch nicht in Erfüllung gegangen war: *LZ 1* landete mit einem Antriebsschaden im Wasser des Bodensees. 1908 schien mit *LZ 4* der Durchbruch endlich gelungen zu sein: Eine 24-Stunden-Tour vom Bodensee in die Schweiz verlief absolut problemlos, aber auf seiner zweiten Fahrt explodierte der unbemannte Zeppelin bei einer Zwischenlandung in Echterdingen. Die Luftschiffbau Zeppelin GmbH stand vor dem Aus.

Doch dann geschah das „Wunder von Echterdingen": Die zeppelinbegeisterte Bevölkerung spendete sechs Millionen Mark, die von Zeppelin in die Lage versetzten, mit dem Bau von Luftschiffen weiterzumachen.

Als Graf von Zeppelin erkannte, dass ohne eine eigene Passagierverkehrsgesellschaft sein Unternehmen nicht überleben würde, veranlasste er im November 1909 die Gründung der ersten Fluggesellschaft der Welt, der Deutschen Luftschifffahrt AG (DELAG) mit Sitz in Frankfurt am Main. Als erster Zeppelin im Dienst der DELAG fuhr *LZ 6* mit zwanzig Passagieren an Bord vom Bodensee nach Frankfurt am Main und Berlin. Das 144 m lange Luftschiff hatte eine Reichweite von 2000 km; die Höchstgeschwindigkeit betrug 60 km/h.

In der Folgezeit konnten immer mehr Zeppeline im DELAG-Fahrdienst eingesetzt werden, so dass bis 1913 ein Verkehrsnetz zwischen den großen Städten des Kaiserreichs entstand.

An Bord der fast immer ausgebuchten Luftschiffe befanden sich bis zu fünfundzwanzig Fahrgäste, die sich in der holzgetäfelten Passagiergondel an edlen Speisen und Getränken erfreuen durften.

Bis 1914 absolvierten die Luftschiffe der DELAG-Flotte 1.600 Touren. Alle Fahrten verliefen trotz einiger brenzliger Situationen unfallfrei. Dann machte der Erste Weltkrieg alle Ausbaupläne des Passagierverkehrs zunichte.

Zeppeline dienten als Mittelstreckenbomber und griffen Städte wie London, Paris und Brüssel an. Kriegsentscheidend waren die Zeppeline nicht; immer häufiger wurden sie von kleinen Jagdflugzeugen vom Himmel geholt. Von den 96 eingesetzten deutschen Zeppelinen stürzten 72 durch Beschuss, Unwetter, Gasverlust oder Motorschäden ab oder strandeten. Mindestens 380 junge Männer, fast die Hälfte der Besatzungsmitglieder, verloren dabei ihr Leben.

Belgien, Ostence, Hafen. – Havariertes Marine-Luftschiff „L 12" (Zeppelin Werk-Nr. LZ 43), Erstfahrt 21. Juni 1915, beim Abschleppen nach Notwasserung durch Beschuss, 10. August 1915.

Die *Hindenburg* und ein Dornier-Flugzeug über Fernando Noronha. Das Gemälde von Alexander Kircher zeigt das Luftschiff auf einer seiner Fahrten nach Südamerika.

Die große Zeit der silbernen Giganten

Kurz nach dem verlorenen Weltkrieg hatte es nicht so ausgesehen, dass deutsche Luftschiffe jemals wieder starten würden. Alle Zeppeline mussten abgewrackt oder den Alliierten übergeben werden: Deutsche Luftschiffe sollten nach dem Willen der Siegermächte nie wieder als Kriegsgerät eingesetzt werden können. Gleichzeitig hielten sich damit Großbritanrien und die USA eine unliebsame Konkurrenz vom Leib.

Chef der Zeppelinwerke wurde nach dem Tod des 1917 verstorbenen Gründers sein enger Mitarbeiter Luftschiffkapitän Hugo Eckener. Um aus der ausweglos scheinenden Situation herauszukommen, sah er nur eine Möglichkeit: Da die Vereinigten Staaten noch Reparationszahlungen in Höhe von 3,2 Millionen Goldmark beanspruchten, bot Eckener an, für diese Summe ein Langstreckenluftschiff zu bauen und persönlich in den USA abzuliefern. Weil die US-Marine gerade ein Luftschiff unter tragischen Umständen verloren hatte, willigten die Amerikaner ein, und nach der Zustimmung der deutschen Regierung konnte die „Luftschiffbau Zeppelin" 1922 mit dem Bau eines über 200 m langen Schiffs beginnen. Zwei Jahre später war *LZ 126* fertig, eines der modernsten und größten bis dahin gebauten Schiffe.

Im Oktober 1924 startete Eckener mit 27 Mann Besatzung und vier amerikanischen Beobachtern zur Überquerung des Atlantiks. Nach nur 80 Stunden tauchte *LZ 126* über New York auf und wurde dort von vielen Schaulustigen auf den Dächen und in den Straßen frenetisch begrüßt. Eine Stunde später landete das Schiff wohlbehalten auf dem Luftschiffhafen Lakehurst in New Jersey vor den Augen Tausender begeisterter Zuschauer. Das Wasserstoffgas wurde ausgelassen und durch unbrennbares Helium ersetzt. Bis 1940 versah das „eingebürgerte"

Die *Graf Zeppelin* in Budapest (1931).

Schiff als Marine-Schulungsschiff *Los Angeles* seinen Dienst. Es war das zuverlässigste Starrluftschiff, das jemals in Amerika eingesetzt worden ist.

1926, nach der Aufhebung der Beschränkungen für die deutsche Luftfahrt, setzte Eckener seinen Plan um, einen größeren und verbesserten Zeppelin zu bauen. *LZ 127* wurde in Friedrichshafen nach 21-monatiger Bauzeit am 8. Juli 1928 auf den Namen *Graf Zeppelin* getauft. Die große Zeit des Reisens mit dem Luftschiff konnte beginnen.

Die *Graf Zeppelin* (*LZ 127*) war 237 m lang, hatte einen Durchmesser von 31 m, ein Traggasvolumen von 105.000 cbm (Wasserstoff) und beförderte eine Nutzlast von 30 t. Angetrieben wurde sie von fünf Maybachmotoren (2.650 PS). Die Reichweite betrug 12.000 km, die Höchstgeschwindigkeit 128 km/h. Passagiere: bis 25 Personen, Besatzung: 40 Personen.

In den Dreißigerjahren waren die *Graf Zeppelin* und die *Hindenburg* (ab 1936) weltweit die einzigen Luftschiffe, die im zivilen Fernreiseverkehr ihren Dienst versahen. Großbritannien und die USA hatten den Bau eigener Luftschiffe wegen einer Unglücksserie mit vielen Opfern eingestellt.

Erst die Katastrophe von Lakehurst bereitete den deutschen Plänen vom weltumspannenden Zeppelintourismus ein Ende.

Doch bis dahin vergingen für die Luftschifffahrt noch fast zehn goldene Jahre.

Am Dienstag, dem 16. Oktober 1928, herrschte in New York Jubelstimmung. Am Vortag war die *Graf Zeppelin* in Lakehurst gelandet. Hinter ihr lag eine Fahrt von Friedrichshafen nach Nordamerika, die nicht ohne Probleme verlaufen war: Per Funk ging die Nachricht um die Welt, dass ein schwerer Sturm ein Leck in die Tuchbespannung gerissen und das Schiff manövrierunfähig gemacht habe. Bei heftigem Wind gelang es der Reparaturmannschaft, die Hülle von außen zu flicken – nur wenige Minuten vor einem drohenden Aufprall auf dem Meer.

Der Empfang für Kapitän Hugo Eckener und seine Mannschaft in New York am nächsten Nachmittag war unbeschreiblich. Im Triumphzug fuhren die Männer in einer Autokolonne über den Broadway, angeführt von einem Ehrenbataillon der Army. Aus den Wolkenkratzern ergoss sich ein Schneegestöber aus Konfetti und Papierschlangen.

Eckeners Plan, für den Aufbau einer transatlantischen Luftlinie vier neue, noch größere Zeppeline zu bauen, scheiterte an der Verweigerung der hierfür notwendigen Anschubfinanzierung durch Reichsregierung und Reichstag. Die Weltwirtschaftskrise hatte Deutschland in eine tiefe Rezession geführt. Um das Interesse für die Luftschifffahrt nicht erlahmen zu lassen, führte Eckener mit der *Graf Zeppelin* mehrere internationale „Werbefahrten" in Europa und in den Orient durch. Höhepunkt sollte eine Reise um die Welt sein.

Am Morgen des 15. Augusts 1929 war es so weit. Die *Graf Zeppelin* erhob sich von Friedrichshafen aus zu ihrer Reise um die nördliche Hemisphäre. Über Berlin und Zentralrussland ging es nach Tokio und weiter über den Pazifik nach San Francisco, Los Angeles, New York und Lakehurst zurück nach Deutschland. Insgesamt war das eine Strecke von über 34.000 km, die Eckener in 12,5 Tagen (reine Fahrzeit) bewältigte. Inklusive der Zwischenstopps dauerte die Weltumrundung 21 Tage. In Washington wurde Hugo Eckener für diese Leistung eine besondere Ehrung zuteil: Präsident Hoover

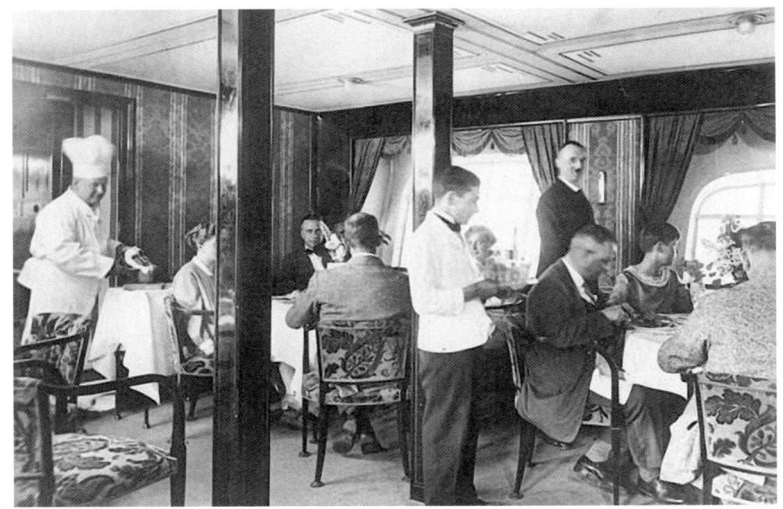

Im Speisesaal der *Graf Zeppelin* (1929).

empfing ihn im Weißen Haus und bezeichnete ihn in seiner Rede als „Magellan der Lüfte".

In der Zeit danach führte die *Graf Zeppelin* neben Fahrten nach Spanien und in den Balkan Hunderte Tagestouren in die Schweiz durch. Trotz des hohen Preises und der desolaten wirtschaftlichen Situation Deutschlands waren diese Ausflüge immer ausgebucht.

Eine Frage blieb nach der Weltfahrt noch offen: Wie würde sich die *Graf Zeppelin* in den Tropen verhalten, bei schweren Stürmen und extremer Hitze?

Am 18. Mai 1930 startete die *Graf Zeppelin* zu einer Testfahrt nach Rio de Janeiro. Bis Recife im brasilianischen Bundesstaat Pernambuco dauerte die Fahrt mit einer Zwischenlandung in Sevilla rund drei Tage. Die Zeitersparnis war beträchtlich: Ozeandampfer brauchten dazu mehr als zwei Wochen. Viele Geschäftsleute würden mit Sicherheit die neue Verbindung bevorzugen. Für die 2.000 km von Recife bis zum

1931 trifft die *Graf Zeppelin* in der Arktis den sowjetischen Eisbrecher Malygin zur Postübergabe, Gemälde von Alexander Kircher.

Landeplatz in Rio de Janeiro benötigte die *Graf Zeppelin* noch einmal einen Tag. Am 6. Juni landete das Schiff wieder in Friedrichshafen. Alle Wetter- und Windprobleme konnten nahezu problemlos bewältigt werden.

Am 29. August 1931 nahm die DELAG den regulären Fahrbetrieb nach Recife und Rio de Janeiro auf. Zuvor stellte Hugo Eckener sich noch einer spektakulären Herausforderung: der wissenschaftlichen Erkundung des nördlichen Eismeers.

Mit einem internationalen Team aus Geologen, Meteorologen, Geographen und Journalisten an Bord, einer Vielzahl wissenschaftlicher Geräte, zwei Faltkajaks und einer Überlebensausrüstung für den Fall einer Havarie steuerte Eckener am 24. Juli 1931 von Berlin aus die *Graf Zeppelin* über das damalige Leningrad in die nordöstlich von Spitzbergen gelegenen weitgehend unerforschten Polarregionen. Nach sieben Tagen landete d e *Graf Zeppelin* wohlbehalten wieder auf dem Flugfeld in Berlin-Tempelhof.

Jetzt, da auch die Polartauglichkeit des Luftschiffs bewiesen war, musste der Weltverkehr mit Zeppelinen kein Traum mehr bleiben. Ob Afrika, Asien, Australien oder Amerika – die Kontinente schienen einander näher gerückt zu sein. Der Erfolg der Verbindung nach Südamerika war enorm. Bis 1937 flog die *Graf Zeppelin* 63-mal von Deutschland, meist mit einer Zwischenlandung in Sevilla, nach Südamerika und zurück. Ohne nennenswerte Probleme, immer vollbesetzt und zur Zufriedenheit aller Passagiere. Insgesamt legte die *Graf Zeppelin* von 1928 bis 1937 1,7 Millionen km zurück und überquerte 140-mal den Atlantik nach bzw. von Nord- und Südamerika – eine einzigartige Erfolgsbilanz.

Hugo Eckeners Vorstellung von einem idealen Luftschiff entsprach die *Graf Zeppelin* noch nicht ganz. Ein größeres Schiff zu bauen, war aber angesichts der in Amerika und Europa herrschenden Depression kaum zu finanzieren. Es grenzt an Ironie, dass erst die Nationalsozialisten den Traum des Regimekritikers Eckener verwirklichen halfen. 1934/35 stellte das NS-Regime über 11 Millionen Mark für die Fertigstellung des schon lange zuvor projektierten neuen Zeppelins *LZ 129* zur Verfügung.

Federführend für den Bau und späteren Betrieb des Schiffes war eine neu gegründete Gesellschaft, die Deutsche Zeppelin-Reederei (DZR), an der sich auch der NS-Staat beteiligt hatte. Damit war die *Hindenburg* dem Einfluss von Propagandaminister Josef Goebbels ausgeliefert.

In der Umgebung von Adolf Hitler hatte man sich bemüht, den „Führer" dazu zu gewinnen, das neue Schiff auf seinen Namen taufen zu lassen. Doch Hitler habe dies wohl aus abergläubischen Vorstellungen heraus abgelehnt, vermutete Hugo Eckener in seinen Memoiren. Der eventuelle Verlust eines Luftschiffs „Hitler" sollte nicht als böses Omen gedeutet werden können. Am 4. März 1936 startete die *Hindenburg* zu ihrer ersten Fahrt. Die Nationalsozialisten betrachteten den neuen Zeppelin in erster Linie als nützliches Propagandainstrument, Eckener dagegen setzte auf seine Wirkung als Zeichen der friedlichen Zusammenarbeit der Völker.

Die *Hindenburg* im Dienst der NS-Propaganda

Mehr noch als die *Graf Zeppelin* wurde das mit großen Hakenkreuzen versehene Traumschiff zum Symbol der neuen Machthaber. Neben dem regulären Fahrdienst musste die *Hindenburg*, meist als Duo zusammen mit der *Graf Zeppelin*, auf dem Reichsparteitag 1936, zum 1. Mai oder anlässlich von Wahlen oder Volksabstimmungen Flagge zeigen. Mit Parolen aus riesigen Lautsprechern und abgeworfenen Flugblättern („Sag JA zu Hitler") wurde die Bevölkerung indoktriniert.

Zur Eröffnungsfeier der Olympischen Spiele am 1. August 1936 kreiste die *Hindenburg* über dem Berliner Olympiastadion – und verneigte sich vor dem anwesenden „Führer": Die Besatzung rannte im zentralen Laufsteg vor und zurück, damit sich die Bugnase mehrfach absenkte. Der Luftschiff-Offizier Albert Sammt berichtete andererseits auch von einem Akt subversiven Widerstands. Auf einer Fahrt über das Ruhrgebiet tönte aus den Lautsprechern: „Ihr Langschläfer dort unten, steht auf und tut eure Wahlpflicht!" Wohl ein vergeblicher Appell, denn der Kapitän ließ die *Hindenburg* über Essen schweben – genau über dem großen Zentralfriedhof.

Für Hugo Eckener war der Einsatz seines Schiffs für die NS-Propaganda nur schwer zu ertragen. Als Luftschiff-Kommandant und Chef der Deutschen Zeppelin-Reederei trat er, wohl nicht ganz freiwillig, zurück ins zweite Glied. Bei den Nationalsozialisten war er längst in Ungnade gefallen. Sie ließen ihn aber in Ruhe; er war im In- und Ausland zu populär.

Reichsluftfahrtminister Hermann Göring pries die *Hindenburg* als „völkerversöhnendes Meisterwerk deutscher Technik", obwohl er von Luftschiffen („Gasblasen") nichts hielt. Es gab keine Möglichkeit, diesen perfiden Missbrauch zu beenden. Oder doch? Bis heute sind die Gerüchte nicht verstummt, dass eine an Bord geschmuggelte Bombe die Katastrophe von Lakehurst ausgelöst hätte.

Bundesarchiv, Bild 183-G00352

Juli 1936: Das Luftschiff LZ 129 „*Hindenburg*" auf einem Propagandaflug während der Olympischen Sommerspiele über der Wilhelmstraße in Berlin.

Was führte zum Absturz der *Hindenburg*?

Die letzte Fahrt der *Hindenburg* im März 1937 schien, abgesehen von den schlechten Wetterbedingungen, wie immer problemlos zu verlaufen. Wieder bestaunten bei seiner Ehrenrunde über New York viele tausend Schaulustige von Straßen und Plätzen aus das Schiff.

Aufgrund eines Gewitters über New Jersey muss Kapitän Max Pruss den Landeanflug mehrmals abbrechen. Jetzt, um 19.21 Uhr, werden bei nur noch leichtem Regen aus einer Luke der *Hindenburg* die Ankertaue abgeworfen. Die Bodenmannschaft ergreift die Taue, um das Schiff zum Ankermast zu ziehen. Vier Minuten später ist eine gedämpfte Explosion zu hören, und aus dem Heckteil schießt eine kleine Flamme. Innerhalb von Sekunden steht das gesamte Schiff in Flammen. Passagiere und Crew versuchen in Panik, aus dem brennenden Zeppelin zu springen, bevor das Schiff wie ein riesiger Feuerball krachend auf dem Boden aufschlägt.

Wie das Feuer entstand, wurde nie vollständig geklärt.

Wahrscheinlich habe ein Leck zur Bildung eines Wasserstoff-Luft-Gemischs geführt, das sich über eine elektrostatische Entladung entzündete und die lackierte Außenhülle blitzartig in Brand setzte. So das Fazit der deutschen und amerikanischen Untersuchungskommission.

2021 wiesen US-Wissenschaftler des California Institute of Technology durch Laborexperimente nach, dass sich durch Regen und Gewitterwolken zwischen der nassen Hülle des Zeppelins und dem Innengerüst tatsächlich ein elektrisches Feld wie in einem Kondensator aufgeschaukelt haben könnte. Dadurch seien unzählige Funken über das ganze Luftschiff verteilt aufgetreten, einige auch dort, wo Wasserstoff ausgetreten war *(Quelle: Welt TV, 05.08.21)*.

Für die Untersuchungskommission war das Reißen eines der geflochtenen Drahtseile, die den Kontakt der Gaszellen mit dem Rahmen des Luftschiffs verhinderten, denkbar. Das spitze Ende eines gerissenen Drahts könnte dann das Leck verursacht haben. Nur: bei den Drahtseilen handelte es sich um hochfestes Material, ebenso wie bei den mit Latexgummi beschichteten Baumwollhüllen der Gaszellen. Dass die Stahldrähte durch Rost brüchig geworden waren, so die in einer TV-Dokumentation von 2019 vertretene These, ist nicht sehr überzeugend. Die *Hindenburg* hatte bis zum Unglück gerade einmal siebzehn Hin- und Rückfahrten hinter sich. Und da soll es im Innern schon Rostschäden gegeben haben?

Als Ursache für das Unglück nahm die Untersuchungskommission „das Zusammentreffen einer Reihe unglücklicher Umstände" an. Und weiter: „Beweise für Sabotage konnten nicht erbracht werden" –, die gewaltsame Zerstörung der *Hindenburg* sei aber auch nicht auszuschließen.

Auch ein Beschuss bei der Landung wurde in Betracht gezogen. Schon zuvor waren in der Nähe von Lakehurst kleinere Prallluftschiffe von Farmern – folgenlos – beschossen worden. Sie waren über die „Blimps" am Himmel verärgert, weil die ihr Vieh wild machten. Doch selbst mit einer Elefantenbüchse wäre es nicht von außen gelungen, in den inneren Gashüllen ein Leck zu verursachen. Da es keine Belege oder Zeugen für einen Beschuss gab, wurde diese mögliche Erklärung verworfen.

Und so wurde munter spekuliert. Waren für die Katastrophe baumwollfressende Mikroben, die Flugzeugindustrie oder gar Aliens verantwortlich? Steckte vielleicht ein Versicherungsbetrug dahinter? An absurden Erklärungen selbsternannter Experten bestand kein Mangel.

Auch eine Pistole, die in den Trümmern des Zeppelins gefunden wurde, nährte die Gerüchte – denn aus der Pistole war ein Schuss abgefeuert worden. Hatte die Kugel eine der Gaszellen durchschlagen? Diese Spur wurde aber nicht weiterverfolgt: Die Untersuchungskommission konnte sich keinen Anschlag vorstellen, bei dem der Attentäter erst ein Loch in die Gaszelle schießen, dann das Wasserstoff-Luft-Gemisch entzünden und damit sich selbst opfern würde. Nach dem 11. September 2001 wissen wir es heute besser. Diese Theorie aber ist ebenso wenig plausibel wie andere bizarre Erklärungsversuche.

Ganz auszuschließen ist auch die Sabotage-Theorie, Plot eines Hollywoodfilms von 1975 und eines Musicals (2021), nicht: Eine vor einem NS-Gegner an Bord versteckte Zeitbombe wäre wegen der verspäteten Landung zu früh explodiert, als sich Passagiere und Crew noch an Bord befanden.

Einen Beleg hierfür gibt es allerdings nicht – nur einen Brief einer Hellseherin aus Milwaukee an die Deutsche Botschaft: „Der Zeppelin wird während der Fahrt in ein anderes Land von einer Zeitbombe zerstört werden." Nachforschungen des FBI verliefen im Sande. Kein Wunder, dass die Spekulationen über die Unglücksursachen bis heute anhalten. Die Theorie des California Institute of Technology ist noch am überzeugendsten, doch auch sie lässt viele Fragen offen.

Die *Graf Zeppelin* stieg nach ihrer Rückkehr aus Rio de Janeiro nie wieder auf. In einer Halle auf dem Frankfurter Flughafen hatte die Bevölkerung Gelegenheit, das Schiff zu besichtigen. Der Andrang war riesengroß; die Katastrophe von Lakehurst hatte die Luftschifffahrt-Euphorie in Deutschland erstaunlicherweise kaum bremsen können.

LZ 130, die neue *Graf Zeppelin,* wurde noch fertiggestellt und mit Wasserstoff befüllt, da die USA auch weiterhin die Ausfuhr von Helium nach Deutschland untersagt hatten.

Innerhalb Deutschlands unternahm die neue *Graf Zeppelin* bis kurz vor Kriegsbeginn insgesamt 29 Propagandafahrten und Landefahrten zu Flugschauen oder Städtetagen. Zehntausende, manchmal Hunderttausende waren begeistert, wenn der Zeppelin in niedriger Höhe über ihren Köpfen kreiste und zur Landung ansetzte.

Am 29. Februar 1940 befahl Hermann Göring, die alte und die neue *Graf Zeppelin* abzuwracken. Damit schien das Ende der Luftfahrt mit großen Luftschiffen endgültig besiegelt. Drei

Monate später erfolgte die Meldung über den Vollzug der Verschrottung. Von *LZ 131* waren bis dahin nur einige Spantenringe gefertigt worden. Für die Nationalsozialisten hatten die Luftschiffe jetzt, als die Wehrmacht dabei war, Europa zu überrollen, keinen Wert mehr. Göring: „Im Krieg kann man ja nüscht damit anfangen."

San Diego Air & Space Museum Archives

Der Mythos lebt

Nach dem Zweiten Weltkrieg lebten in einigen Technikmagazinen die Zeppeline eine Zeit lang noch weiter. Da war dann die Rede von fliegenden Hotels mit Tanzsaal, Cafés und einem Lift, der zu einem gläsernen Skyroom auf dem Dach des Luftschiffs führt, von Atomluftschiffen, von Kugelluftschiffen mit einem Durchmesser von 400 m, von riesigen Luft-Katamaranen oder von geheimnisvollen Auftriebstechnologien wie Antischwerkraft oder Vakuumzellen. Spannend, aber mit den physikalischen Gesetzen nicht immer vereinbar.

Abgesehen von Heißluftballons und kleinen Prallluftschiffen für Überwachungs-, Forschungs- und Reklamefahrten waren die Zeppeline vom Himmel verschwunden – zu langsam, zu wetterempfindlich und zu personalintensiv. Dann, 2001, machte der weltweit erste Zeppelin der Nachkriegszeit seinen Jungfernflug mit Passagieren über den Bodensee.

Das von der Friedrichshafener „Zeppelin Luftschifftechnik GmbH" entwickelte High-Tech-Luftschiff *Zeppelin NT* (NT steht für „Neue Technologie") ist mit 75 Metern zwölf Meter länger als ein Airbus A 330, doch nur ein Drittel so lang wie die *Hindenburg*. Durch die Verwendung leichter Materialien, elektronischer Steuerungssysteme und moderner Antriebsmodule ist der *LZ NT* allerdings wesentlich leistungsstärker, wendiger und sicherer.

Dank schwenkbarer Motoren kann der *LZ NT* aus eigener Kraft sanft landen, ohne Zuhilfenahme einer Bodenmannschaft. Seine Höchstgeschwindigkeit liegt bei 125 km/h. In seiner komfortablen Kabine im Kleinbusformat haben die zweiköpfige Besatzung und zwölf bis fünfzehn Passagiere Platz. Durch Panoramascheiben schauen die Fahrgäste aus 200 bis 300 Metern auf die Landschaft.

Die Bilanz der *NT*-Zeppeline kann sich sehen lassen: Flüge über Tokio, London und San Francisco, geologische Erkundungstouren in Südafrika, Namibia oder Botswana und unzählige Ausflugsfahrten über den Bodensee haben die Praxiseignung der sechs bis heute gebauten NT-Luftschiffe bewiesen. Aber: Der *LZ NT* kann sich nur in der Luft halten, wenn ihn seine dröhnenden Motoren antreiben. Lautloses Schweben wie bei den einstigen Zeppelinen ist nicht möglich.

Zur gleichen Zeit, als der *LZ NT* zum ersten Mal mit Passagieren über dem Bodensee kreiste, wurde in Brand bei Berlin der Produktionsbeginn eines Luftschiffs gefeiert, das alle bisher dagewesenen Dimensionen übertreffen sollte. Der *CL-160* der CargoLifter AG war als gigantischer fliegender Kran konzipiert, mit dem bis zu 160 Tonnen schwere Lasten über 10.000 km zu Baustellen an jeden beliebigen Ort der Welt transportiert werden könnten. Dort angekommen, bleibt der *CargoLifter* in 100 Meter Höhe stehen und setzt seine Ladung mit Seilwinden punktgenau ab.

Bei der praktischen Umsetzung hatte die CargoLifter AG aber mit einer Vielzahl technischer und wirtschaftlicher

Probleme zu kämpfen, die allerdings nicht mehr gelöst werden konnten: 2002 musste die Gesellschaft Insolvenz anmelden. Wegen der Anschläge des 11. Septembers und der globalen Finanzkrise hatten sich Investoren, Anleger und Politik mehr und mehr zurückgezogen.

Dem Tourismus hat der *CargoLifter* in Brand unfreiwillig eine Attraktion hinterlassen, die jedes Jahr Zehntausende Besucher anzieht. 2004 verwandelte sich die riesige Luftschiff-Werft in ein künstliches Tropenparadies. *Tropical Islands* ist Europas größtes Spaßbad.

Als das *CargoLifter*-Projekt beendet werden musste, hatte man in England, den USA und in Russland bereits an anderen Luftschiffkonzepten gearbeitet. Am bekanntesten und am weitesten fortgeschritten ist vermutlich das englische *Airlander*-Projekt der britischen Firma Hybrid Air Vehicles (HAV). Noch befindet sich das breitausladende, „Flying Bum" genannte Luftschiff in der Testphase. Bis 2025 will man zehn Luftschiffe bauen, die jeweils hundert Passagiere befördern können. Der *Airlander* soll auf Kurzstrecken eingesetzt werden; für lange Strecken ist das Luftschiff mit rund 90 km/h zu langsam. Flugrouten sind schon geplant, etwa von Barcelona nach Mallorca (4 bis 5 Stunden), von Oslo nach Stockholm (6 bis 7 Stunden) oder von Seattle nach Vancouver (4 Stunden). Vorgesehen ist ein vollelektrischer Antrieb, der nach Angaben von HAV nur zehn Prozent der CO_2-Emissionen eines normalen Flugzeugs verursacht. Das Innere des *Airlanders* soll höchsten Ansprüchen genügen. Breite Ledersessel, bodentiefe Panoramafenster, Suiten zum Ausruhen und eine Bar werden die Fahrten zu einem genussvollen Erlebnis machen, schreibt die Firma in ihrer Presseaussendung *(Quelle: The Guardian, 26.05.21)*

Ein anderes spektakuläres Projekt ist das Luftschiff von Google-Mitbegründer Sergey Brin:

Im Frühjahr 2021 meldeten Online-Plattformen und Fachmagazine unter Berufung auf die US-Luftfahrtbehörde FAA, dass Brins Unternehmen LTA Research and Exploration ein Luftschiff mit Brennstoffzellenantrieb für die Katastrophenhilfe

Rekonstruktion des Promenadendecks der *Hindenburg*, Zeppelin Museum Friedrichshafen.

in abgelegenen Gebieten baue. Ziel sei es, eine Flotte von emissionslosen Luftfahrzeugen zu entwickeln, um den Transport von Waren und Menschen in der Luft umweltverträglicher zu machen.

Ob es jemals wieder Riesenluftschiffe für touristische Fernreisen geben wird? Skepsis ist angebracht. Es sind nicht immer die technischen Probleme, die zum Scheitern führen, meist ist es die Finanzierung. Investoren stehen nicht gerade Schlange, wenn es um Geschäftspläne mit ungewissen Renditeaussichten geht. Aber wie hat Graf von Zeppelin gesagt? „Man muss nur wollen und daran glauben, dann wird es gelingen." Nur stimmt das leider nicht immer. Doch wer weiß, vielleicht überraschen uns die derzeit aktiven Luftschiffbauer eines Tages mit spektakulären Erfolgsmeldungen. Nicht wenige Experten sind sich sicher: Mit superleichten Materialien und hybriden Antriebstechnologien ließen sich wunderbare Zeppeline bauen, die Touristen in alle Winkel der Welt bringen könnten – klimaneutral, komfortabel und sicher.

Fahrtenstatistik von *LZ 129 Hindenburg*

Zeit des Fahrbetriebs	4. März 1936 bis 6. Mai 1937
Streckenlänge insg. in Kilometer	337.129
Fahrtdauer insg. in Stunden	3.089
Zahl der beförderten Personen	7.305
Anzahl der Fahrten	63
Fahrten im Nordamerikadienst	21 Einzelfahrten
Passagiere im Nordamerikadienst	1.038
Fahrten im Südamerikadienst	18 Einzelfahrten
Passagiere im Südamerikadienst	641
Sonstige Fahrten	24
Passagiere sonstige Fahrten	1.380
Kürzeste Fahrt nach Lakehurst	53 Stunden
Längste Fahrt nach Lakehurst	79 Stunden
Kürzeste Fahrt nach Rio de Janeiro	84 Stunden
Längste Fahrt nach Rio de Janeiro	101 Stunden

Quelle: Schiller, H. v.: Zeppelin, Aufbruch ins 20. Jahrhundert, Bonn 1988

Literaturverzeichnis (Auswahl)

Archbold, R.: Luftschiff Hindenburg und die große Zeit der Zeppeline, München 1994

Bauer, M. / Duggan, J.: LZ 130 Graf Zeppelin und das Ende der Verkehrsluftschifffahrt, Friedrichshafen 1994

Eckener, H.: Im Zeppelin über Länder und Meere, Flensburg 1949

Kleinert, H.: Traumreisen mit dem Luftschiff. Aufstieg, Fall und Rückkehr der Zeppeline, Lüneburg 2017

Kleinert, H.: Die Zeppelin Story. Um die Erde und zur Venus (kostenloser Download). In: www.zeppelin-story.de (2021)

Kleinert, H.: Das Hindenburg-Komplott. In: Auftrag in Tarapoto. Zeppelin-Storys, Lüneburg 2021

Litchfield, P. W. / Allen, H.: Why? Why has America no rigid Airships? Riverside (USA) 1945

Sammt, A.: Mein Leben für den Zeppelin, Wahlwies 1994

Schiller, H. v.: Zeppelin, Aufbruch ins 20. Jahrhundert, Bonn 1988

Tittel, L.: LZ 129 „Hindenburg", Friedrichshafen 1992

Toland, J.: Die große Zeit der Luftschiffe, B. Gladbach 1978

Waibel, B.: Die Hindenburg. Gigant der Lüfte, Erfurt 2017